起點

還是
這裡讓人最安心

終點

搭電車
在角落睡過頭
休息 **2** 次

找不到角落！
前進 **3** 格

想回到
平常的角落
休息 **1** 次

雜草迷路了
休息 **1** 次

掉到洞裡
休息 **2** 次

吃起了路邊的草
休息 **1** 次

Sumikko

在樹蔭下吃午餐
休息 **2** 次

Sumikko

尋找自己
休息 **1** 次

在長椅的角落
休息 **1** 次

問題 1

請在上方圖中，找出 **7** 個四葉幸運草
與 **10** 個拿著三葉幸運草的角落小夥伴。

還要找出 **1** 個 喔。

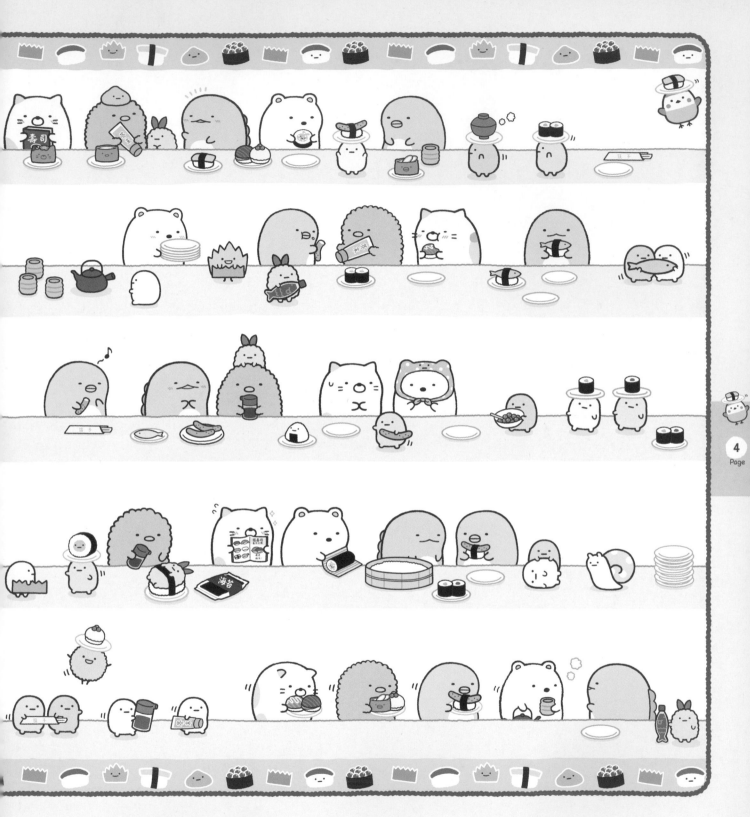

被吃的)與12個茶杯  。

問題

2

請在上方圖中，找出 12 根小黃瓜 🥒（包括正在

還要找出 1 個 🍥 喔。

與 10 個正在游泳的藍色粉圓

問題

3

請在上方圖中，找出10隻 （穿企鵝偶裝的貓

有些姿勢不一樣喔。

還要找出1個 喔。

問題

4

請在上方圖中，找出 10 個裹布  與 12 瓶牛奶 。

還要找出 1 個 喔。

裹布打開後，形狀會不一樣。
牛奶包括了不同的顏色。

8
Page

問題 5

請在上方圖中，找出 8 隻企鵝？

與 10 個粉圓 。

把不同顏色的粉圓
全都找出來吧。

還要找出 1 個 喔。

問題

6

請在上方圖中，找出 10 隻麻雀 與 10 隻

姿勢都不一樣喔。

還要找出 1 個 🥤 喔。

偽蝸牛

問題

7

偽蝸牛背了很多不一樣的殼喔。

請在上方圖中，找出 10 個飛塵 與 8 隻

還要找出 1 個 喔。

炸豬排

企鵝?

貓

白熊

蜥蜴

晒得恰到好處

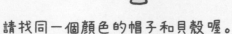

問題

8

海帶?

請在上方圖中，找出10頂白帽子
與7個貝殼  。

請找同一個顏色的帽子和貝殼喔。

還要找出3個 喔。

問題
9

請在上方圖中，找出 8 個炸蝦尾 與 10 瓶彈珠汽水 有些姿勢和顏色不一樣喔。

還要找出 1 個 喔。

與 **10** 個雜草 。

問題
10

請在上方圖中，找出 **10** 隻蜥蜴(真正的)

有許多不一樣的姿態喔。　　　　　還要找出 **1** 隻 喔。

歡迎光臨…

角落咖啡廳
工讀募集中

咕嚕咕嚕…

喂-

我的杯子…

擠
擠

SUMIKKO
Coffee
PREMIUM

MENU

用力
用力　　　　用力

加啡豆老闆 。

呼…

問題
11

請在上方圖中，找出 10 個水杯 與 10 個

姿勢或角度都不一樣喔。

還要找出 1 個 喔。

問題 **12**

請在上方圖中，找出 **8** 隻白熊
與 **5** 隻貓 。

還要找出 **4** 個 喔。

一起找找角落小夥伴♪

解答

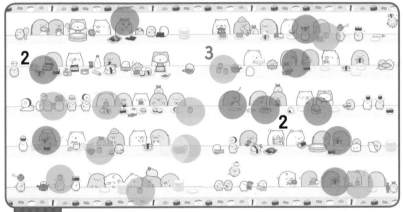

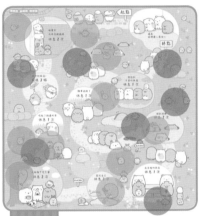

問題
2

12 小黃瓜

12 茶杯

1

問題
1

7 四葉幸運草

10 拿著三葉幸運草的角落小夥伴

1

問題
4

10 裹布

12 牛奶

1

問題
3

10 穿企鵝偶裝的貓

10 正在游泳的藍色粉圓

1

問題
6
- **10** 麻雀
- **10** 旗子
- **1**

問題
5
- **8** 企鵝?
- **10** 粉圓
- **1**

問題
8
- **10** 白帽子
- **7** 貝殼
- **3**

問題
7
- **10** 飛塵
- **8** 偽蝸牛
- **1**

問題
10
- **10** 蜥蜴(真正的)
- **10** 雜草
- **1**

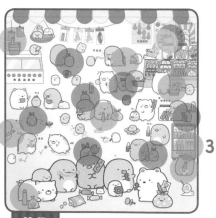

3

問題
9
- **8** 炸蝦尾
- **10** 彈珠汽水
- **1**